U0044105

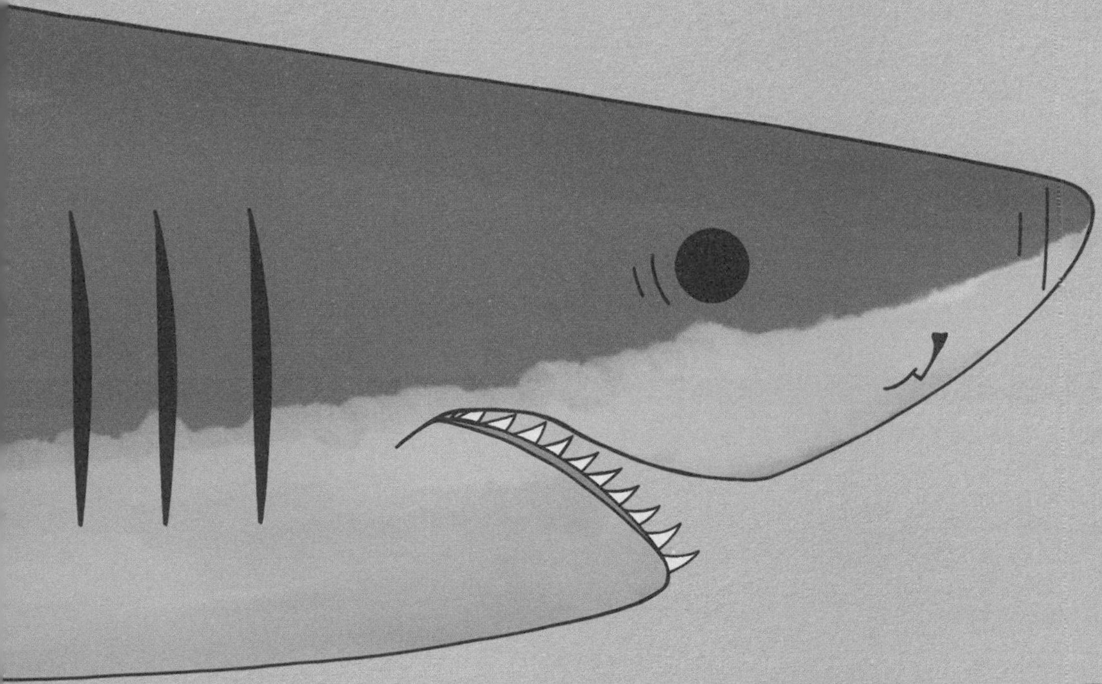

世界鯊魚大全

和布蕪 めかぶ……著
田中彰 監修　陳嫻若 譯

手繪125種
史上最齊全
鯊魚圖鑑

世界のサメ大全
サメ愛好家が全身全霊を
ささげて描いたサメ図鑑

SHARKS
OF THE WORLD

前言

各位好，
我是作者和布蕪。

和布蕪是「海帶」的近親，但我是個戴著眼鏡，喜歡鯊魚，經常模擬鯊魚樣貌的人類。
請放心，這本書講並不是海帶，而是貨真價實的鯊魚書。

我從小就熱愛水族館，喜歡海底的生物，有一天突然愛上了海中的「鯊魚」。
當時，我對鯊魚一無所知……真的是一見鍾情。

不知怎地就這麼墜入「鯊」網。

由於我完全沒有鯊魚知識，心裡便想著：

「不如先來畫鯊魚吧！」
「一邊畫，一邊認識鯊魚。」

這就是一切的開始。

前言

世界上的鯊魚大約有 600 種，現今仍持續發現新的鯊魚種類。
你不覺得這個物種真的超級神祕嗎？
光是這一點，就讓我想要大聲說：「跟我一起愛上鯊魚吧！」

在我了解各種各樣的鯊魚知識的同時，也把自己畫的鯊魚放在社群網站上，希望讓更多人認識「形形色色的鯊魚」。
於是，很開心能讓更多大大小小的朋友看到我畫的鯊魚。
最後就出版了這本書。這都是各位的功勞，謝謝大家。

這本書藏著我的一個心願，那就是
讓更多人
「知道鯊魚的魅力」、
「最好能因此愛上鯊魚」。

好了，接下來就讓我們進入 SHARK 的 WORLD 吧！

2022 年 4 月

目錄

第 1 章
鯊魚是什麼樣的魚？

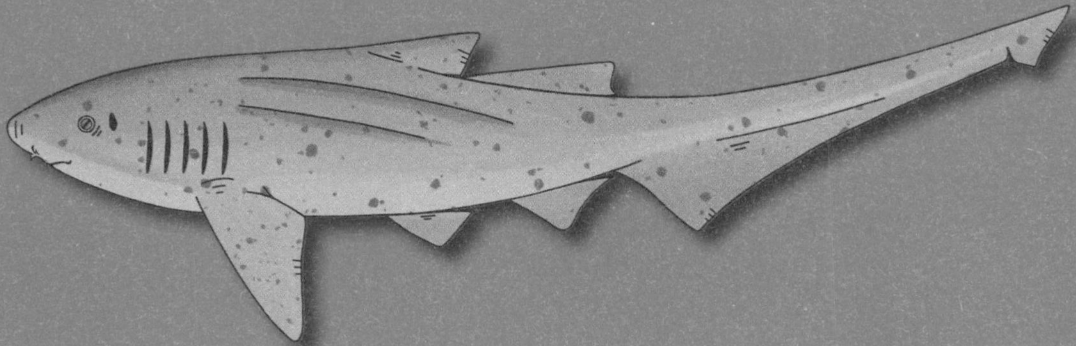

鯊魚和一般魚類的不同之處

鯊魚和魟魚的骨骼都是由柔軟的骨骼形成，屬於「軟骨魚綱」，而其他魚類則是硬骨骼形成的「硬骨魚綱」。

大約四億年前，鯊魚就已經存在了，到目前為止，已經發現了 600 種左右，根據牠們的特徵又分成「9 目 37 科 106 屬」。

即便是現在，每年都還會確認 5 ～ 10 種新種的鯊魚，其種類仍在持續增加中。

另外，有少數幾種魚，雖然名字中有「鯊」或「鮫」，卻不是鯊魚，例如以下這些：

- 薛氏琵琶鱝（俗名「飯匙鯊」）
- 黑線銀鮫
- 鯽魚（日本稱「小判鮫」）
- 鱘魚（日本稱「蝶鮫」）

薛氏琵琶鱝被歸類為魟魚的親族。魟魚與鯊魚可以從鰓裂的位置來辨別。鯊魚的鰓裂在身體側面，而魟魚的鰓裂在腹面。

黑線銀鮫與鯊魚或魟魚，同樣歸入軟骨魚綱，但是鯊魚或魟魚屬於「板鰓亞綱」，而黑線銀鮫是屬於「全頭亞綱」。

鯽魚是鱸魚的近親，不屬於軟骨魚類，而是硬骨魚。

鱘魚因為其魚卵是魚子醬的材料而聞名，魚子醬也叫做「鯊魚卵」，不過，鱘魚和鯽魚同屬硬骨魚類，並不是鯊魚族類。鱝魚因為體形近似鯊魚，才被稱為「蝶鮫」，但牠是古代魚的一種。

雖然這些魚的名字裡都有「鯊」或「鮫」字，但都不是鯊魚。

鯊魚的族群分類

無臀鰭

身體扁平
扁鯊目

吻部突出呈鋸子狀
鋸鯊目

第一背鰭位於腹鰭之上方
棘鯊目

第一背鰭位於腹鰭前方
角鯊目

有臀鰭

只有一個背鰭，鰓裂 6 ～ 7 對
六鰓鯊目

背鰭有棘
虎鯊目（異齒鯊目）

背鰭無棘，口部在眼睛前方
鬚鯊目

無瞬膜
鼠鯊目

有瞬膜
真鯊目

鯊魚的身體構造與組織

鯊魚是魚類的一種，但是多數魚類的骨骼含有較多石灰質，為硬骨魚類，相對的，鯊魚的骨骼由軟骨組成，為軟骨魚類。

此外，鯊魚的結構和組織也與一般魚類稍有不同。鯊魚身體的構造大致分成：

❶ 頭部　❷ 軀幹　❸ 尾部，各部位都有名稱。

- 吻：位於頭部，在嘴巴與眼睛前面的突出部位。
- 眼：鯊魚基本上不能閉眼。但是，有瞬膜的鯊魚會用膜包覆保護眼睛，另一些鯊魚會將眼球翻過來保護。
- 鰓裂：鯊魚進行鰓呼吸，以鰓吸入水中的氧氣，排出體內的二氧化碳。身體兩側會有 5 ～ 7 對的孔，稱為鰓裂。從嘴巴吞入的水會透過鰓裂排出。
- 噴水孔：眼睛後方的開孔。底棲性的鯊魚呼吸時，必須吸入海水，相反的，不需要吸入海水的種類，沒有噴水孔。
- 鼻孔：鯊魚可透過鼻中的水，察覺其中的味道。
- 背鰭：鯊魚背上有兩個魚鰭，分別在頭側和尾鰭側，但有的種類只有一個背鰭。第一背鰭用於保持身體穩定，第二背鰭用於產生身體的推進力。
- 泄殖腔：排出大小便的孔，交配或生產全都從這個孔進出。位於腹鰭之間。
- 交接器：叫做鰭腳（clasper），鯊魚的陰莖，由腹鰭變形分開而成，左右成一對。

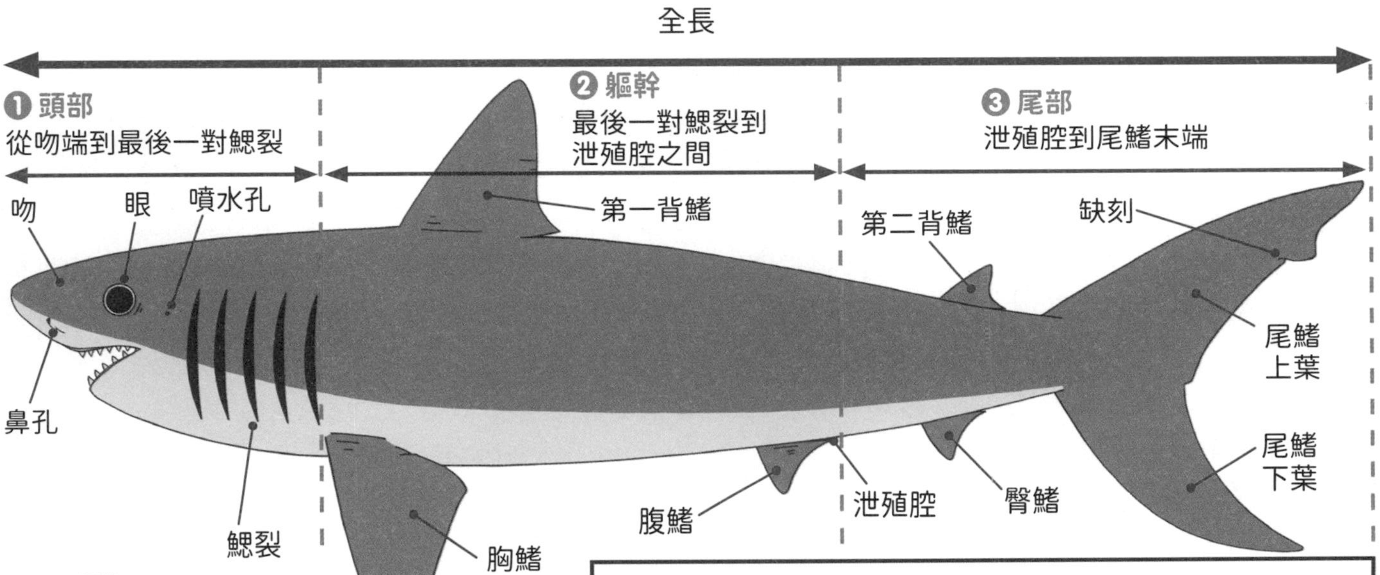
全長
❶ 頭部
從吻端到最後一對鰓裂
❷ 軀幹
最後一對鰓裂到
泄殖腔之間
❸ 尾部
泄殖腔到尾鰭末端
吻
眼
噴水孔
鼻孔
鰓裂
第一背鰭
胸鰭
腹鰭
泄殖腔
第二背鰭
臀鰭
缺刻
尾鰭
上葉
尾鰭
下葉

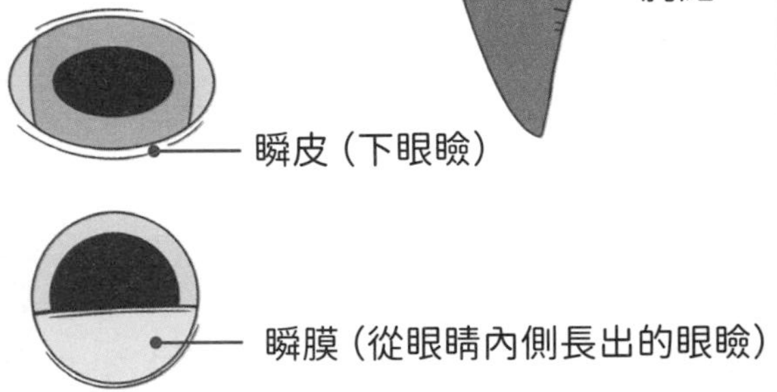
瞬皮（下眼瞼）
瞬膜（從眼睛內側長出的眼瞼）

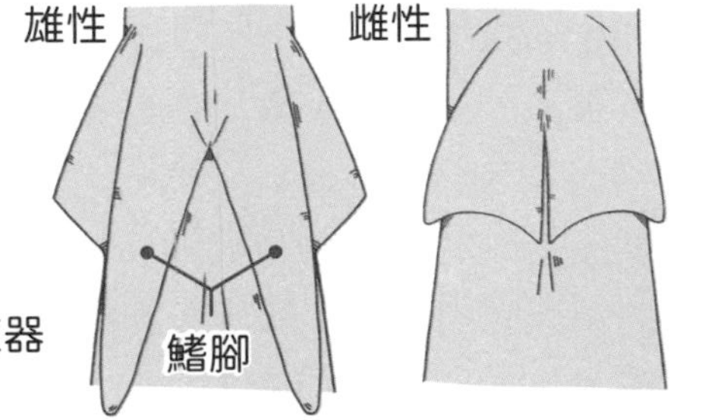
雄性
雌性
鰭腳

交接器。雄性擁有生殖器叫做「鰭腳」。

鯊魚的體內

如同前述，魚類大略分成硬骨魚類與軟骨魚類兩種。鯊魚為軟骨魚類，從頭蓋骨到尾端都有柔軟的骨骼。軟骨魚類的鯊魚不像硬骨魚類，其肋骨並不發達，因此很小，無法包覆和保護內臟。相對的，由於牠們的體重較輕，所以不必耗費多餘的能量就能浮上水面。

但是，鯊魚沒有鰾，所以在巨大的肝臟裡儲存比海水輕的油，以獲得浮力。這些油就是所謂的肝油。此外，如果鯊魚有鰾的話，在潛入深海時，會因為泳鰾承受不了水壓而破裂，導致死亡。

除了肝油之外，鯊魚體內用來調整滲透壓的尿素，也有助於產生浮力。而尿素就是牠們死去時發出氨氣臭味的原因。

除了肝臟之外，鯊魚的內臟與人類一樣，牠們善於利用由這些內臟和動脈、靜脈組成的「奇網」，在廣闊的大海中生活。

鯊魚的腦比哺乳類小，但比硬骨魚類大，智慧與鳥類接近。腦部的構造複雜，與脊髓連結。鯊魚當中，又以雙髻鯊一類的腦部最大也最複雜。

鯊魚吸入的水，會通過鰓裂排出體外，此時會將氧氣融入血液中，吐出二氧化碳。鯊魚是一邊游泳，一邊將水吞進口中送到鰓裂，以進行呼吸，所以如果牠們不游泳，就會窒息。

但是，有些鯊魚種類可以待在海底不動，不需要游泳。這些鯊魚具有小呼吸孔，稱為「噴水孔」，牠們靠肌肉的力量將海水吸入體內以進行呼吸。

鯊魚的體內

・全身

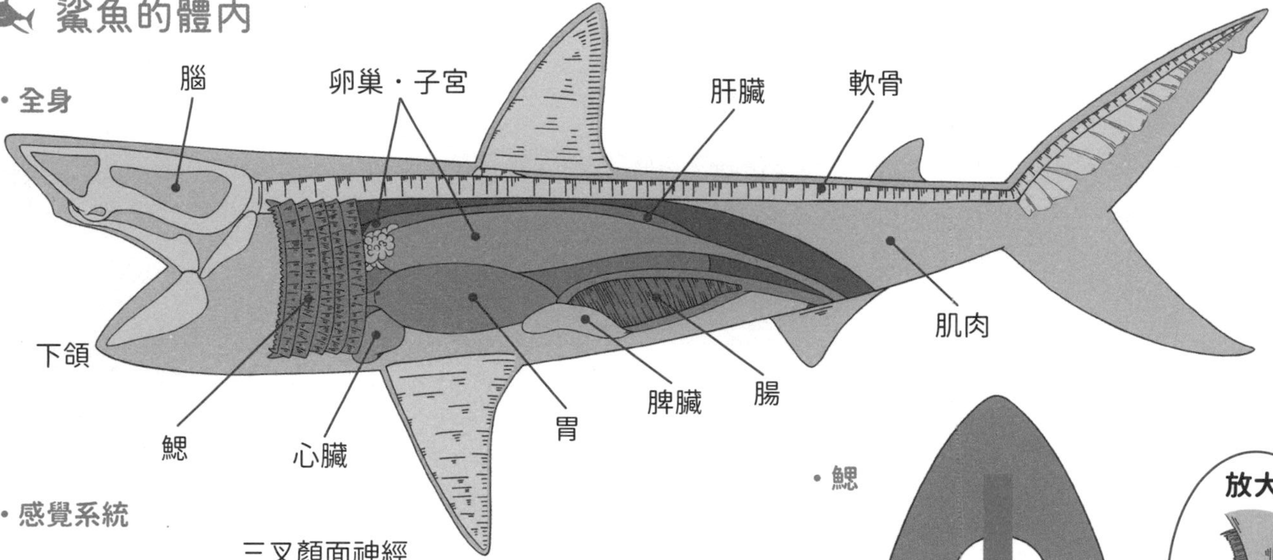
腦
卵巢・子宮
肝臟
軟骨
下頜
肌肉
鰓
心臟
胃
脾臟
腸

・感覺系統

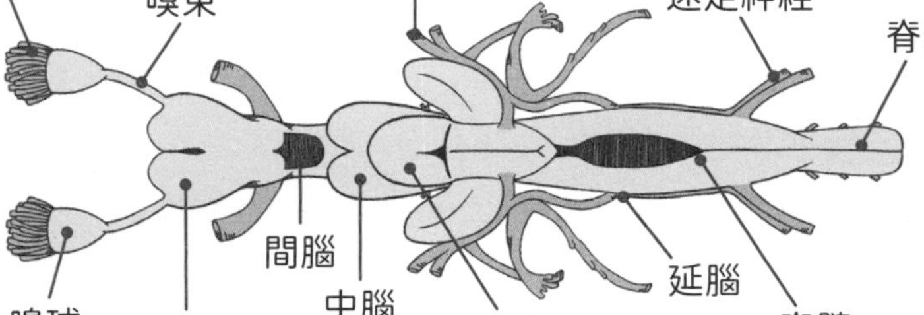
嗅片
嗅束
三叉顏面神經
迷走神經
脊髓
間腦
嗅球
端腦
中腦
小腦
延腦
脊髓

・鰓

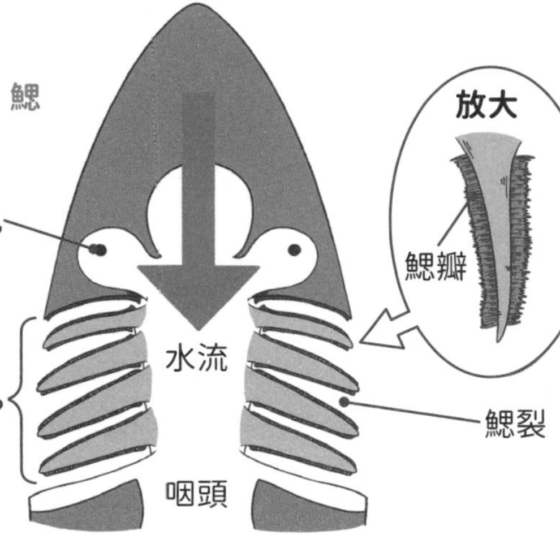
放大
噴水孔
鰓瓣
水流
半鰓
鰓裂
咽頭

鯊魚的鱗片和牙齒的結構

●鯊魚的鱗片

鯊魚具有特有的鱗片，稱為「盾鱗」或「皮齒」，鱗片粗糙，俗稱「鯊魚肌」，可以用來做刨絲或磨泥器。牙齒和盾鱗性質相同，共有三層，從外到內分別為：

- 琺瑯質
- 象牙質
- 髓腔

人類的牙齒結構也和鯊魚相同。總而言之，鯊魚「全身都是牙齒」的說法，一點也不誇張。

盾鱗的形狀與鯊魚種類有關。盾鱗有兩種功能，一種是「盔甲」功能，用堅固的盾鱗保護軀體，第二種是在水中「減少水流阻力」的功能。鯊魚靠著體表肌肉防止水流紊亂，而能迅速安靜地游動。

●鯊魚的牙齒

鯊魚的牙齒與人類不同，不論何時都可以再生。人類的牙齒靠牙根支撐，但鯊魚的牙齒沒有牙根，只是嵌在牙齦裡。牙齒只是靠在骨骼表面，像傳動帶一樣不斷地從內側往外側長出、脫落。

不同種類的鯊魚，牙齒成長速度和數量都不相同，但一生大約會更換三萬顆。通常一星期換一次，但有些種類的更換頻率更快，大約二至三天一次。

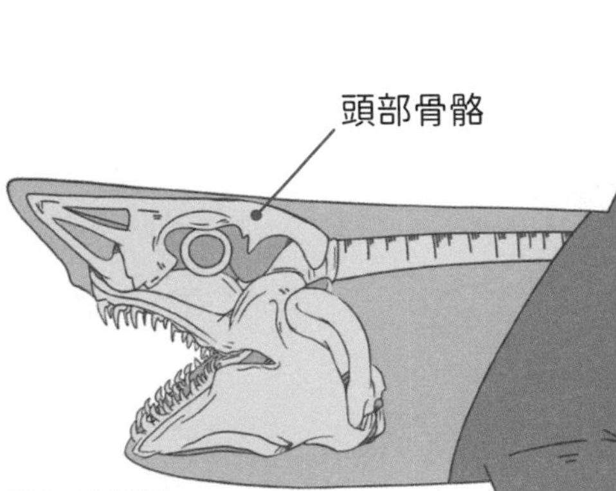
頭部骨骼

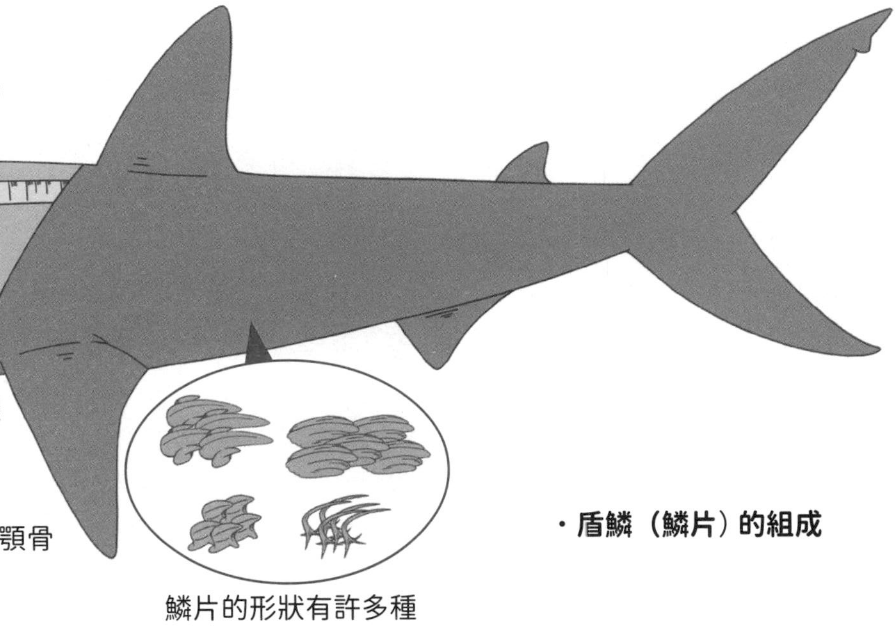
鱗片的形狀有許多種

・牙齒的構造

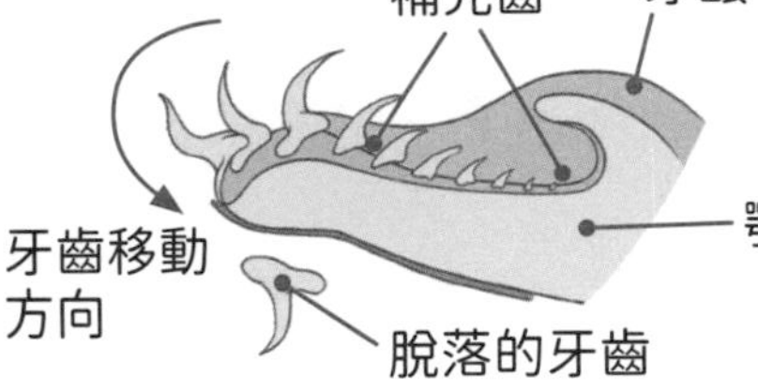
補充齒
牙齦
顎骨
牙齒移動方向
脫落的牙齒

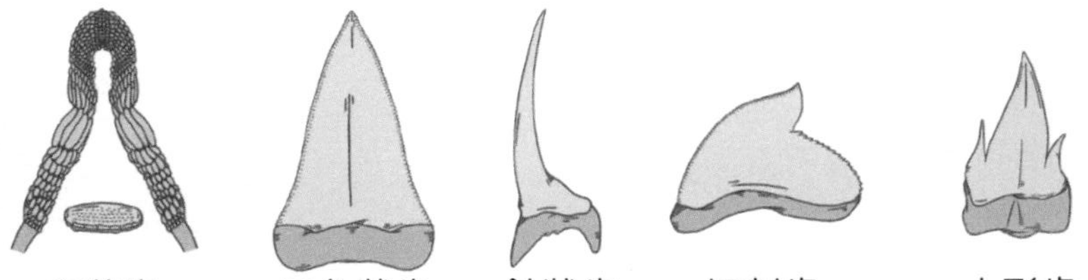
臼狀齒
三角狀齒
針狀齒
切割齒
山形齒

・盾鱗（鱗片）的組成

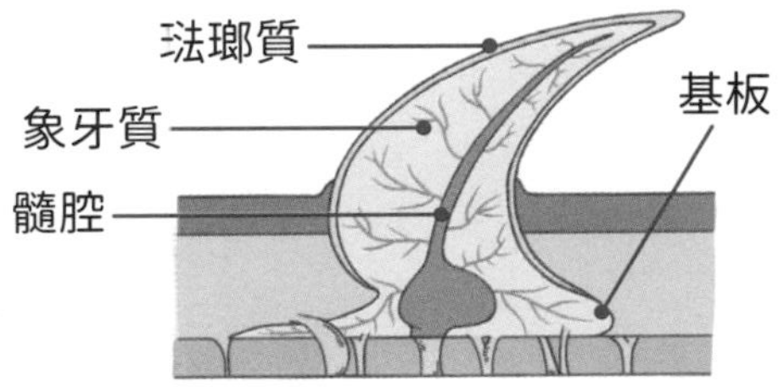
琺瑯質
象牙質
髓腔
基板

◆牙齒的形狀

大白鯊張開血盆大口時露出的三角尖牙，讓人留下深刻的印象，不過，不同種類的鯊魚會因為攝食的對象而有不同的牙齒。

◆臼狀齒

異齒鯊具有扁而薄的臼狀齒。牠們會用前齒固定海膽、蟹和貝類等，再用後面的扁平齒將之磨碎。

◆三角狀齒

大白鯊擁有邊緣呈鋸齒狀的尖銳牙齒。牠們咬住獵物時，三角牙會深入獵物的肉中，再搖晃頭部將對方撕碎。

◆針狀齒

歐氏尖吻鯊和灰鯖鮫都有「棒針」狀的細長牙齒。牠們會用這種牙齒刺穿那些動作迅速的獵物，將其捕獲。

◆切割齒

鼬鯊的牙齒像是加了鋸刀刀刃的「開罐器」，可以咬碎海龜的硬殼，再搖晃頭部將對方切碎。

◆山形齒

異齒鯊或星貂鯊的前齒，可以壓住海膽、蟹、貝類等，將其捕獲。

鯊魚鰭的架構

鯊魚的骨骼為軟骨，所以身體十分柔軟，可以彎曲或扭轉，游動時也能收縮肌肉調節軀幹，彎曲成 S 形前進。這種時候，牠也會擺動魚鰭，保持身體的平衡，產生游動的力量。每個位置的鰭都有各自的功能。

- 第一背鰭：防止軀體搖晃，有穩定軀體的功能。
- 第二背鰭：固定位在比腹鰭後面的位置，有保持平衡、幫助推動力的功能。
- 胸鰭：左右成對，有穩定上下動作的功能。
- 腹鰭：左右成對，有穩定左右動作的功能。雄性另有交接器。
- 臀鰭：位於尾鰭附近，負擔產生推動力的功能。
- 尾鰭：不同種的鯊魚，尾鰭形狀也有很多變化。多數的鯊魚上半部（上葉）長，下半部（下葉）短。鯊魚靠著左右擺動尾鰭來產生推進力。

只要同時善用這些魚鰭，鯊魚就能快速游動。此外，有的種類沒有臀鰭或第二背鰭。

鯊魚的感覺器官

鯊魚除了聽覺、嗅覺、觸覺、視覺、味覺五種感官外，還有電覺。鯊魚的吻端有一種器官叫「勞倫氏壺腹」，可以感知水中的電場和磁力。

• 鯊魚鰭的功能

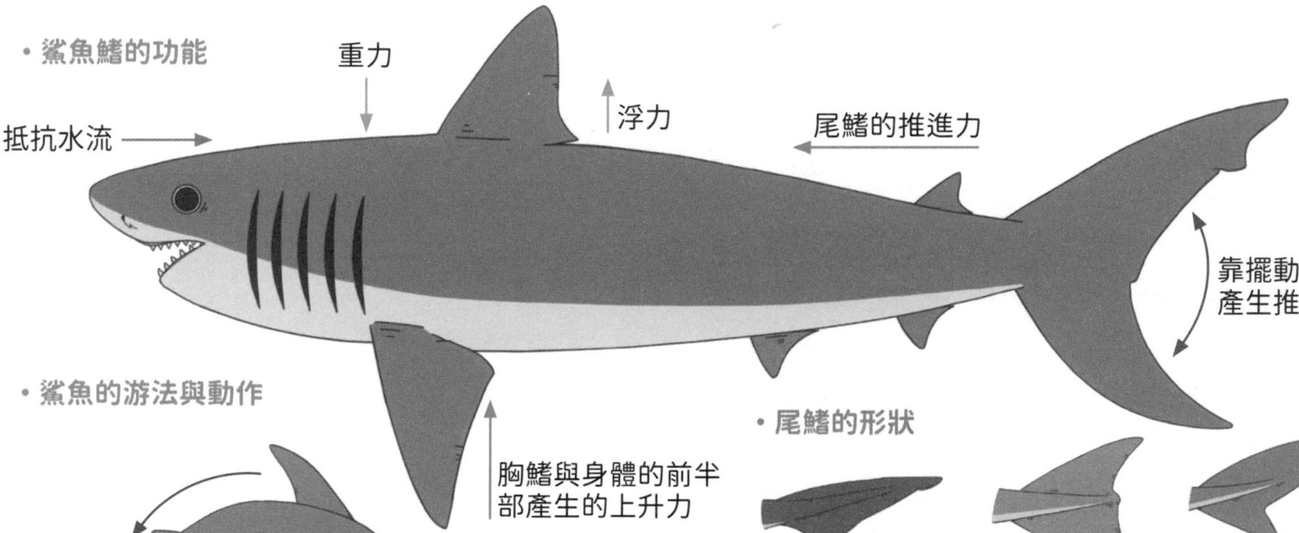
靠擺動尾鰭
產生推進力

• 鯊魚的游法與動作

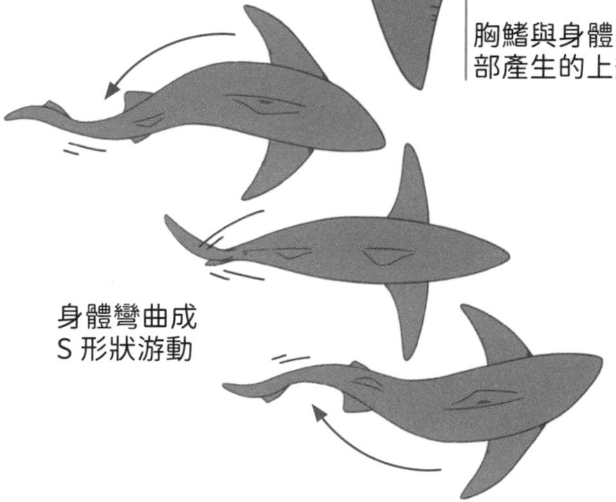

• 尾鰭的形狀

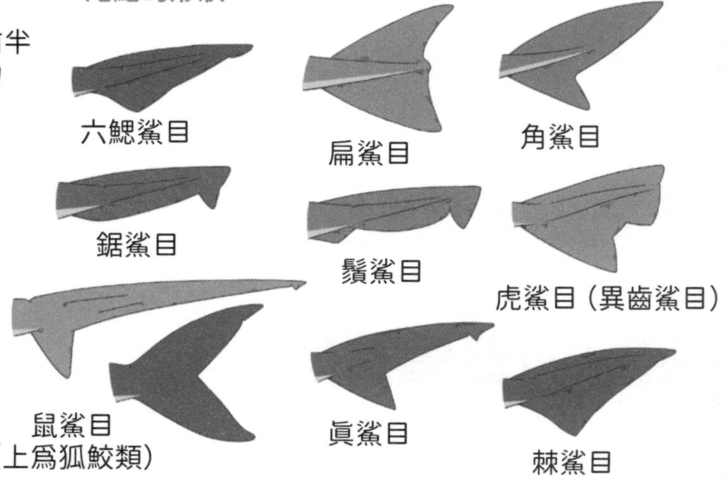

●聽覺（耳）

鯊魚頭上的小孔，有感知音波用的內耳，牠們一聽到獵物發出的聲音，就會尋找其所在位置。獵物扭動得越強烈，鯊魚的反應越敏銳。

●嗅覺（鼻）

鼻孔內側有皺褶，叫做「嗅片」，能夠感知血腥味。游泳池裡只要滴幾滴血，牠就能聞到，足見實力驚人。

●觸覺（皮膚）

鯊魚身體的側面，有感知振動和聲音的感覺器官，叫做「側線」。牠們靠著側線，可以敏銳地察覺獵物的振動和壓力的變化。

●視覺（眼）

鯊魚的眼睛結構和視力與人類相近。但是，對鯊魚來說，視力沒有那麼重要。牠們的眼睛內側有反射板，在昏暗的水中也能感知微弱光線。

●味覺（嘴巴）

嘴巴與食道有感受味道的器官「味蕾」。在物體進入口中之後，鯊魚會藉此判斷它是否能吃。

●第六感（勞倫氏壺腹）

鯊魚吻部的無數小孔中充滿黏液的器官，能夠感知生物發出的微弱電波，有助於偵測到躲藏在混濁海水或岩石、砂中之獵物的位置。

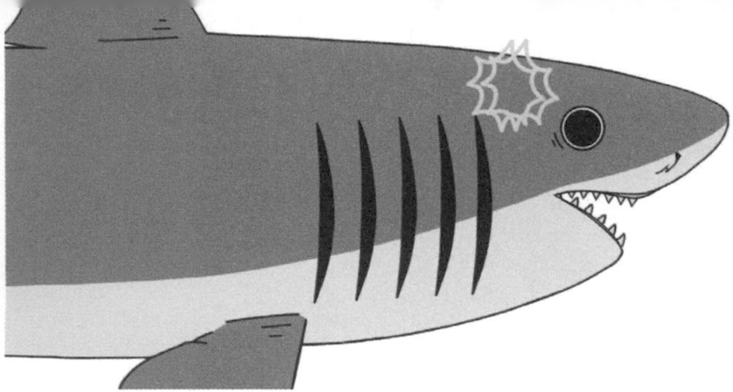

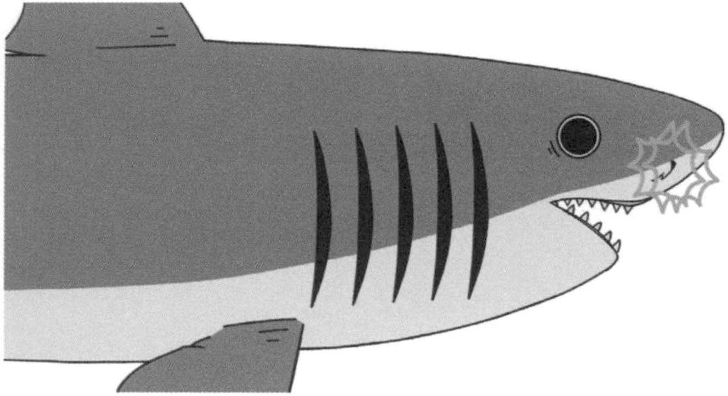

- 聽覺（耳）

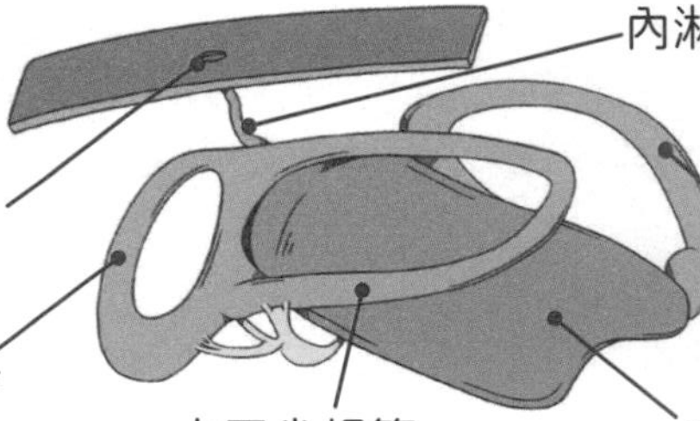
內淋巴管
內淋巴管開口
後半
規管
前半規管
水平半規管
球囊
（耳石器官）

- 嗅覺（鼻）

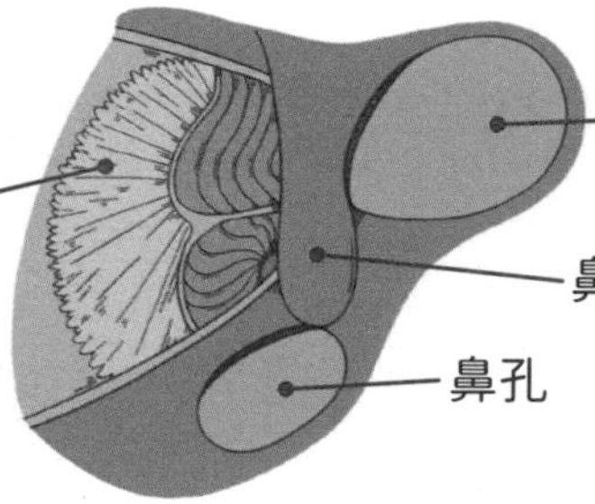
鼻孔
嗅片
鼻瓣
鼻孔

- 觸覺（皮膚）

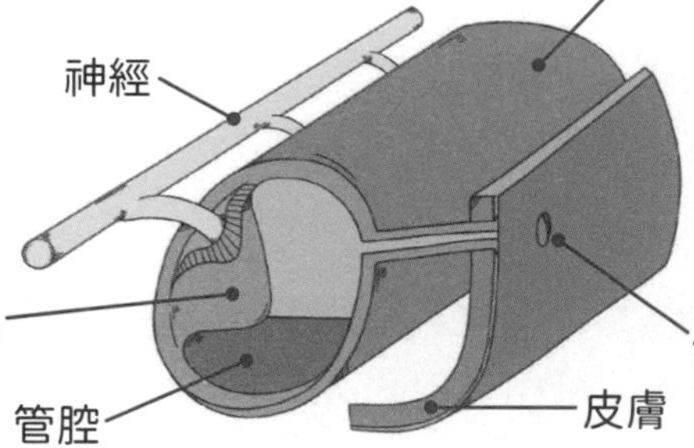
側線管
神經
側線孔
感丘
管腔
皮膚

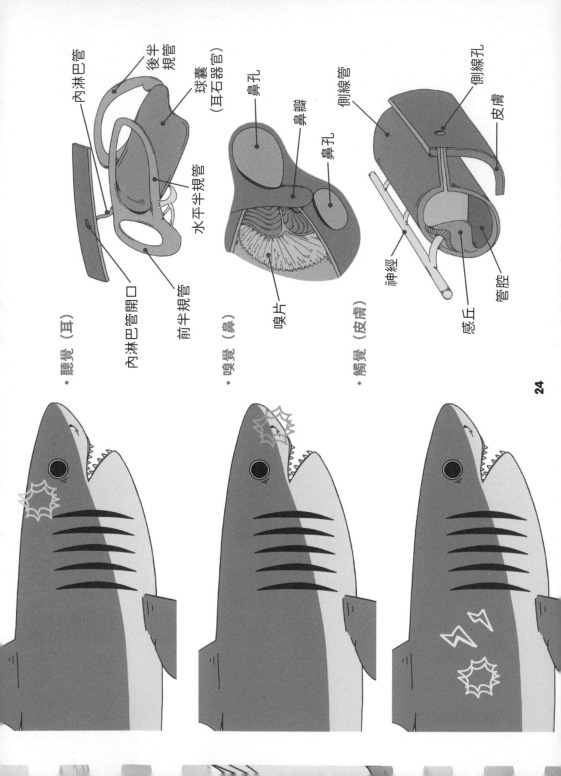

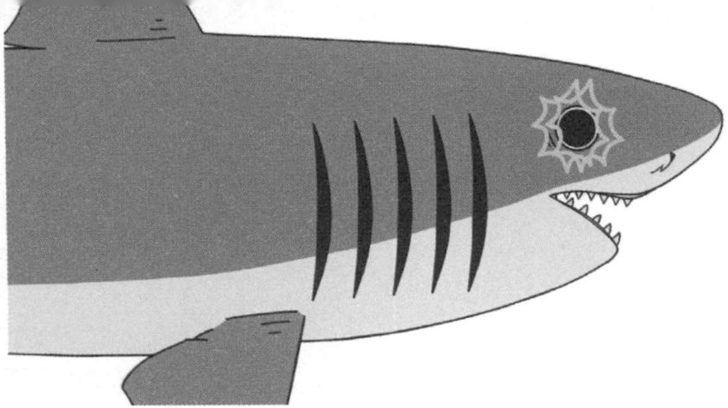

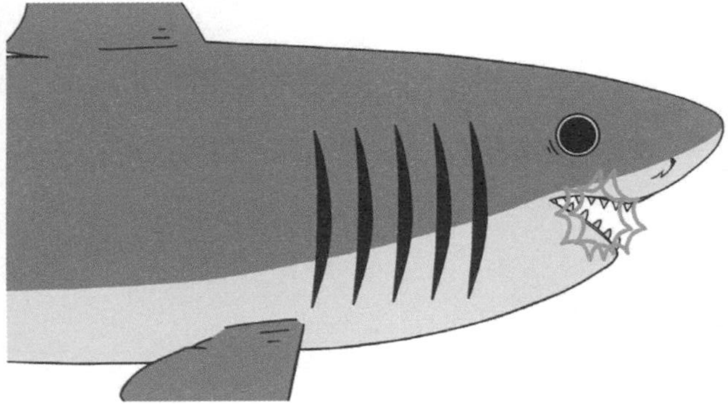

• 視覺（眼）

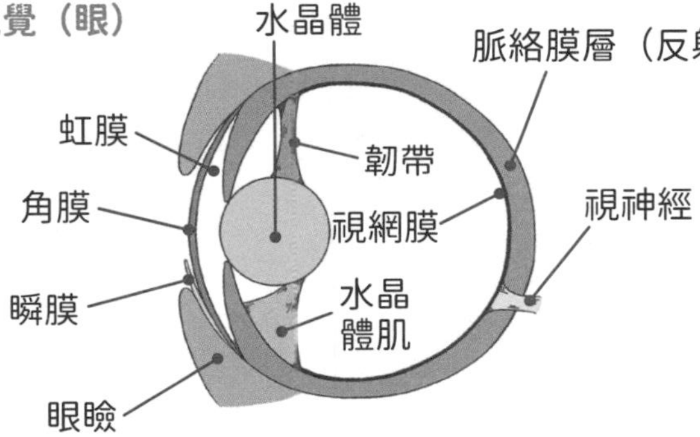
水晶體
脈絡膜層（反射板）
虹膜
韌帶
角膜
視網膜
視神經
瞬膜
水晶
體肌
眼瞼

• 味覺（口）

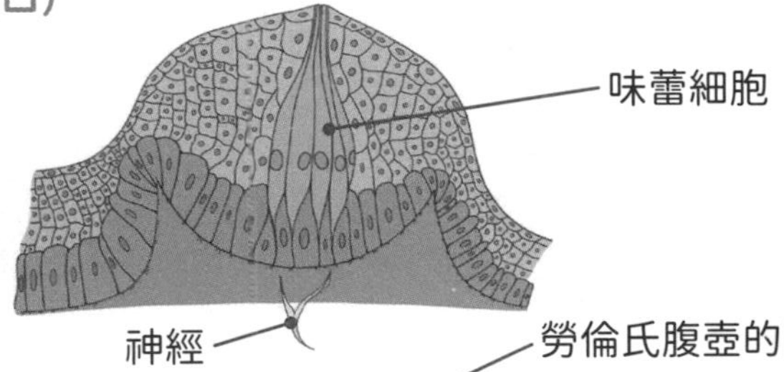
味蕾細胞
神經

• 第六感
（勞倫氏壺腹）

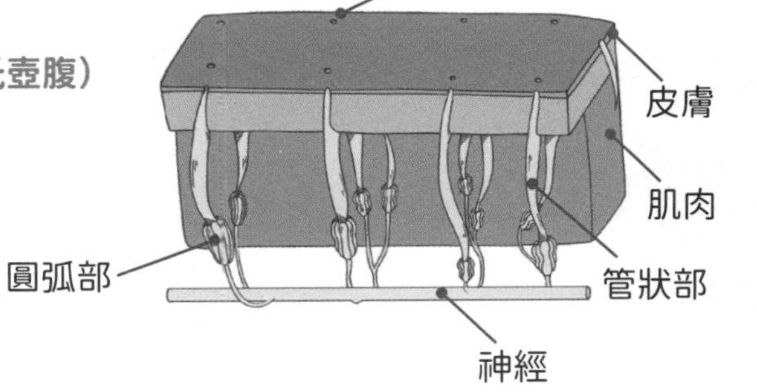
勞倫氏腹壺的開口
皮膚
肌肉
圓弧部
管狀部
神經

第 2 章

世界鯊魚圖鑑 ～總共 115 種！

第 2 章的使用方法

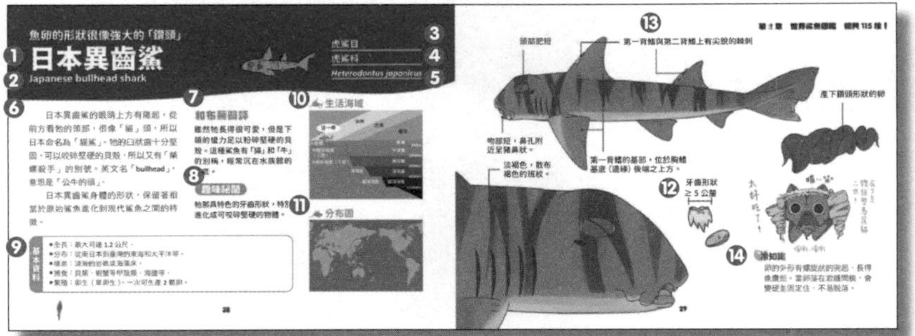

❶ **鯊魚中文名**

❷ **鯊魚英文名**

❸ **目名**

❹ **科名**

❺ **學名**

❻ **該種類的介紹**
鯊魚的生態解說或雜學等。

❼ **和布蕪簡評**
作者和布蕪對各種鯊魚的評論。

❽ **趣味祕聞**
鮮為人知的好玩小常識。

❾ **基本資料**
記載該種類鯊魚的全長、分布、棲息地點、食物、生殖方法。

❿ **生活海域**
以圖片標示大致的生活海域。圖中越靠近上方沿岸，就表示該種鯊魚生活在沿岸或河川附近。

⓫ **分布圖**
圖解該種鯊魚分布在世界的哪個地區。

⓬ **牙齒形狀**
圖解每種鯊魚牙齒的特徵。

⓭ **鯊魚的插畫**
以插畫和引線，簡易說明鯊魚的特徵。

⓮ **冷知識**
介紹你所不知的鯊魚小知識。

虎鯊目（異齒鯊目）

魚卵的形狀很像強大的「鑽頭」

日本異齒鯊

Japanese bullhead shark

虎鯊目

虎鯊科

Heterodontus japonicus

日本異齒鯊的眼睛上方有隆起，從前方看牠的頭部，很像「貓」頭，所以日本命名為「貓鯊」。牠的臼狀齒十分堅固，可以咬碎堅硬的貝殼，所以又有「榮螺殺手」的別號。英文名「bullhead」，意思是「公牛的頭」。

日本異齒鯊身體的形狀，保留著相當於原始鯊魚進化到現代鯊魚之間的特徵。

基本資料

- 全長：最大可達 1.2 公尺。
- 分布：從南日本到臺灣的東海和太平洋等。
- 棲息：淺海的岩礁或海藻床。
- 捕食：貝類、蝦蟹等甲殼類、海膽等。
- 繁殖：卵生（單卵生）。一次可生產 2 顆卵。

和布蕪簡評

雖然牠長得很可愛，但是下頜的蠻力足以粉碎堅硬的貝殼。這種鯊魚有「貓」和「牛」的別稱，經常沉在水族館的水底。

趣味祕聞

牠那具特色的牙齒形狀，特別進化成可咬碎堅硬的物體。

生活海域

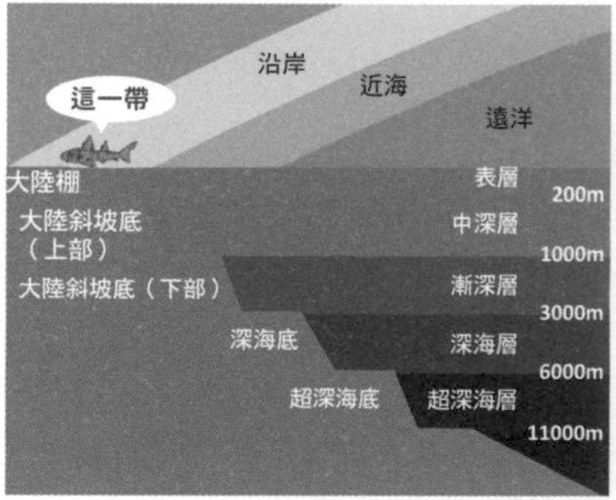
這一帶
沿岸
近海
遠洋
大陸棚
大陸斜坡底（上部）
大陸斜坡底（下部）
深海底
超深海底
表層
200m
中深層
1000m
漸深層
3000m
深海層
6000m
超深海層
11000m

分布圖

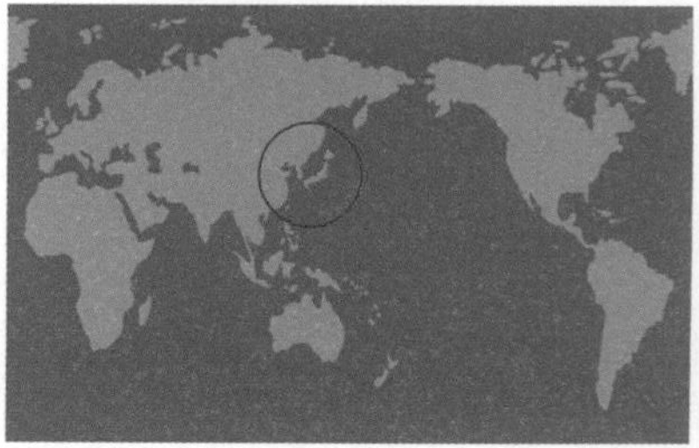

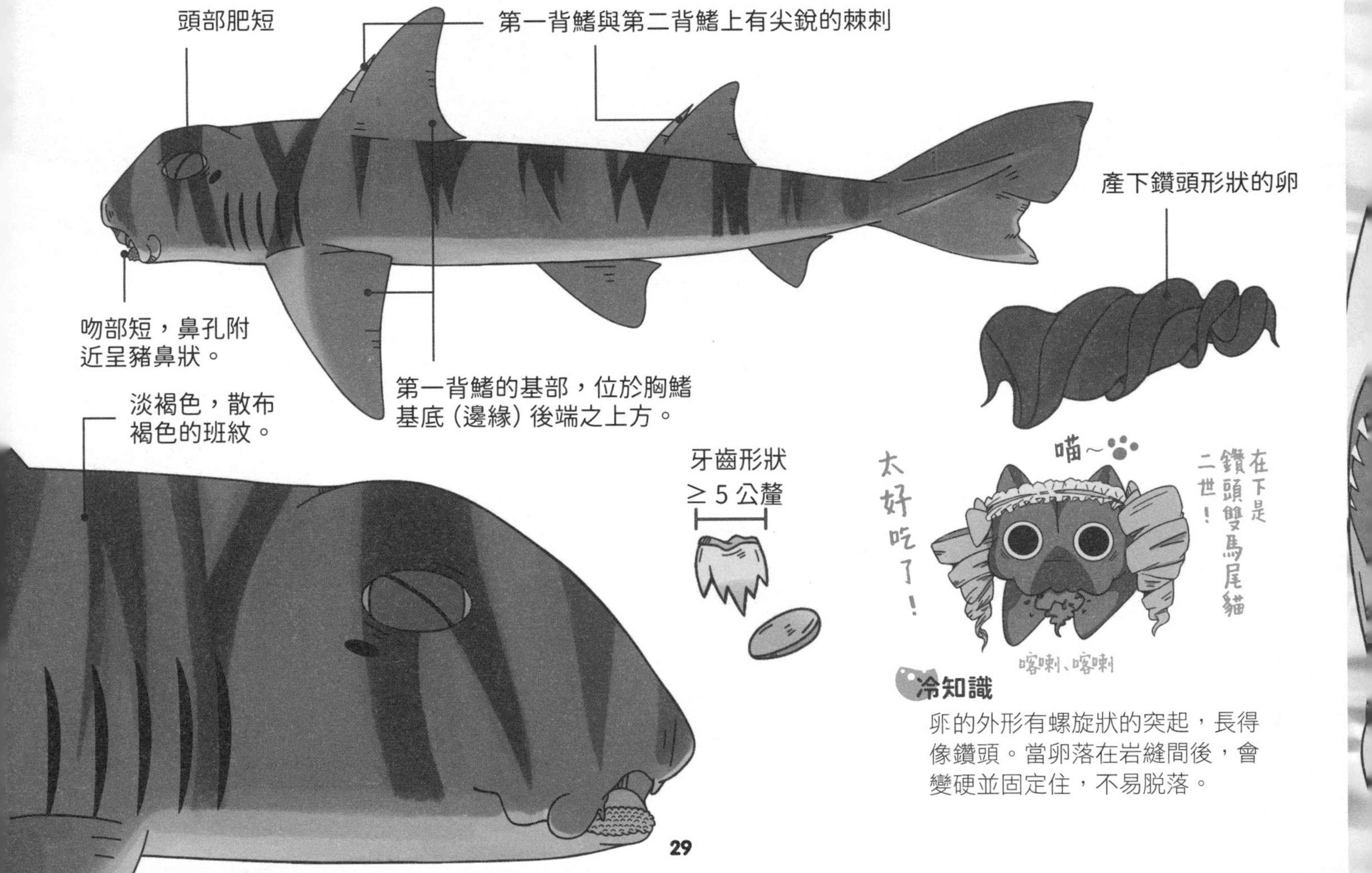
頭部肥短
第一背鰭與第二背鰭上有尖銳的棘刺
吻部短，鼻孔附近呈豬鼻狀。
第一背鰭的基部，位於胸鰭基底（邊緣）後端之上方。
淡褐色，散布褐色的班紋。
牙齒形狀
≧ 5 公釐
產下鑽頭形狀的卵
喵～
太好吃了！
在下是鑽頭雙馬尾貓二世！
喀喇、喀喇

冷知識

卵的外形有螺旋狀的突起，長得像鑽頭。當卵落在岩縫間後，會變硬並固定住，不易脫落。

突出的尖細額頭就是牠「特別」的鐵證！

眶嵴虎鯊

Crested bullhead shark

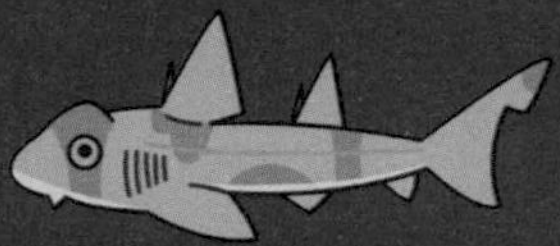

虎鯊目

虎鯊科

Heterodontus galeatus

　　眶嵴虎鯊的特徵就是眼窩上側的突起比其他種類更大、更突出。

　　在幼魚時期，這個突起十分明顯，看起來更大。「眶嵴虎鯊」這個名字，也是因為這個特徵而取的。

　　與日本異齒鯊（p.28）相比，眶嵴虎鯊有不規則的花紋，特別是眼睛上方的突起部分顏色更深。

和布蕪簡評

眶嵴虎鯊突起的額頭十分可愛，光是一個突起，就讓可愛度升級，真是個滑頭的小傢伙。

趣味祕聞

曾發現有些個體吃了太多海膽，結果把牙齒染成紫色。

基本資料

- 全長：最大約 1.3 公尺。
- 分布：澳洲東岸等海域。
- 棲息：淺海的岩礁或藻床。水深 100 公尺左右的海底。
- 捕食：貝類、蝦蟹等甲殼類、海膽等。
- 繁殖：卵生（單卵生）。

生活海域

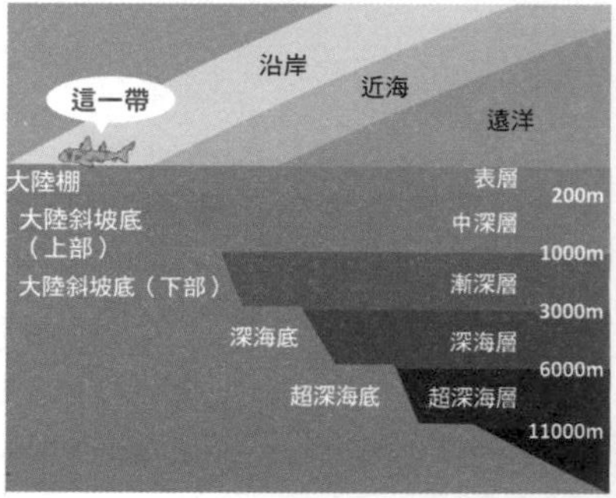
這一帶
沿岸
近海
遠洋
大陸棚
大陸斜坡底
（上部）
大陸斜坡底（下部）
深海底
超深海底
表層
中深層
漸深層
深海層
超深海層
200m
1000m
3000m
6000m
11000m

分布圖

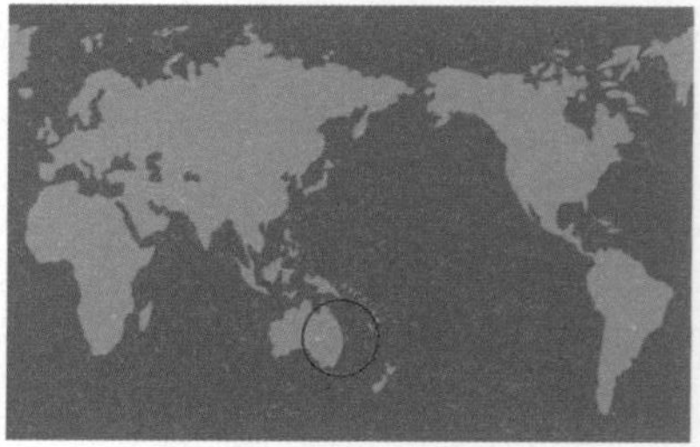

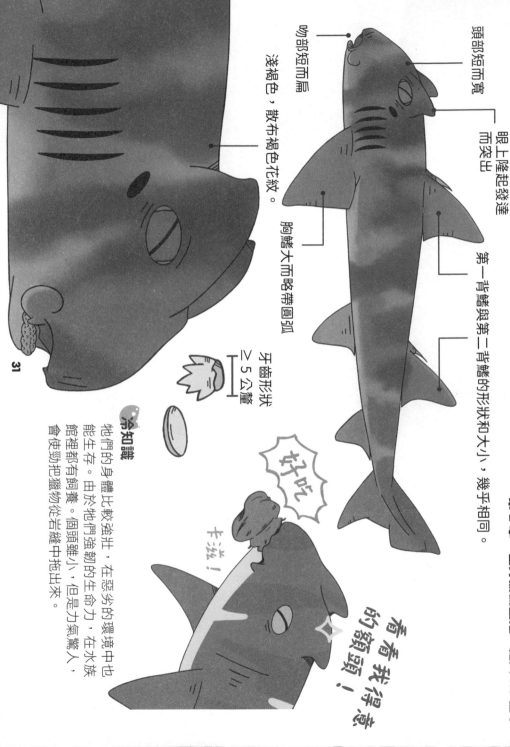

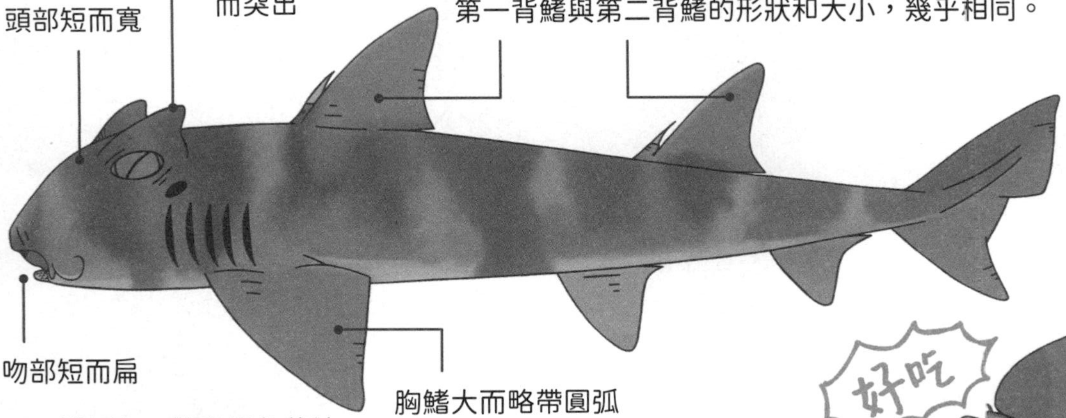
眼上隆起發達
而突出
頭部短而寬
第一背鰭與第二背鰭的形狀和大小，幾乎相同。
吻部短而扁
胸鰭大而略帶圓弧

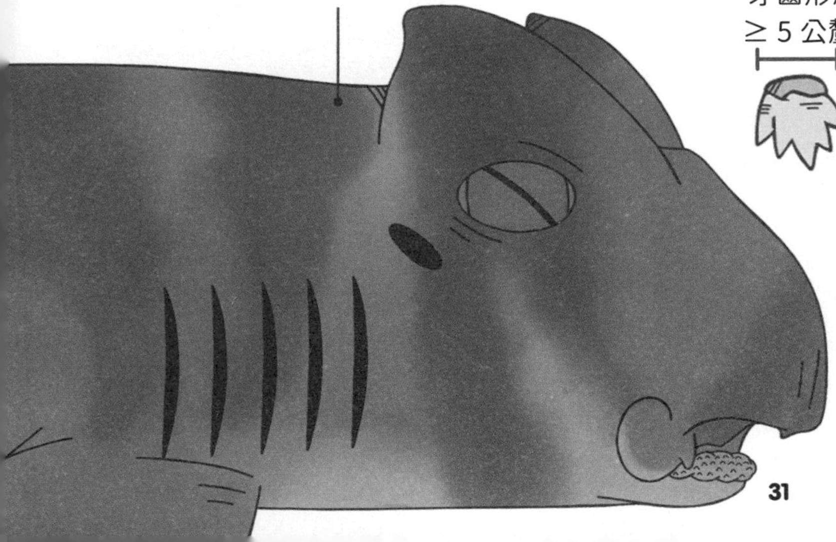
淺褐色，散布褐色花紋。

牙齒形狀
≥ 5 公釐

看看我得意
的額頭！
好吃
卡滋！

冷知識

牠們的身體比較強壯，在惡劣的環境中也能生存。由於牠們強韌的生命力，在水族館裡都有飼養。個頭雖小，但是力氣驚人，會使勁把獵物從岩縫中拖出來。

我來教各位有效的呼吸方法吧！

澳大利亞虎鯊

Port Jackson bullhead shark

虎鯊目

虎鯊科

Heterodontus portusjacksoni

澳大利亞虎鯊的身體表面比較明亮，身體側面有特徵性的「鞍」狀紋路。牠們是夜行性動物，基本上白天不太會活動，都躲在岩縫間休息。

一般鯊魚呼吸時，都是從嘴巴吸入海水，再從鰓裂吐出水。但是，澳大利亞虎鯊會從五個鰓裂中最前面的鰓裂吸水，再從另外四個鰓裂吐出。

和布蕪簡評

牠們身上的紋路好像運動廠商的標誌，看起來很酷。我在街頭看到美津濃的商標，就會想到澳大利亞虎鯊。

趣味祕聞

澳大利亞虎鯊的英文名爲 Port Jackson，是因爲在澳洲的傑克森灣發現了許多澳大利亞虎鯊，因而得名。

基本資料

- 全長：最大 1.7 公尺左右。
- 分布：澳洲除了北部之外的沿岸海域，以及紐西蘭周邊海域等。
- 棲息：沿岸的岩礁地帶或沙泥底。
- 捕食：貝類、蝦蟹等甲殼類、海膽等。
- 繁殖：卵生（單卵生）。

生活海域

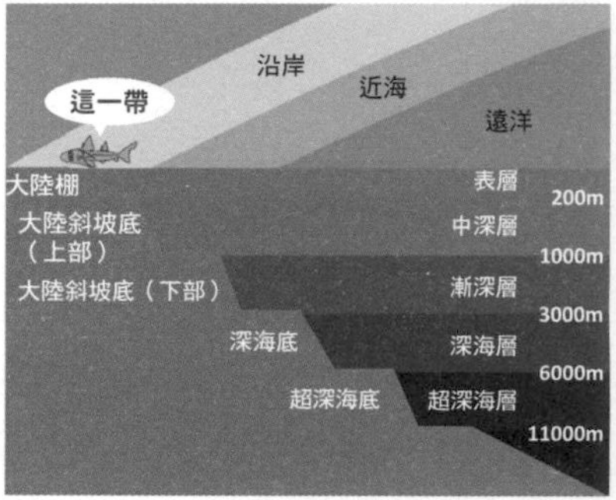
沿岸
近海
遠洋
這一帶
大陸棚
大陸斜坡底
（上部）
大陸斜坡底（下部）
深海底
超深海底
表層
中深層
漸深層
深海層
超深海層
200m
1000m
3000m
6000m
11000m

分布圖

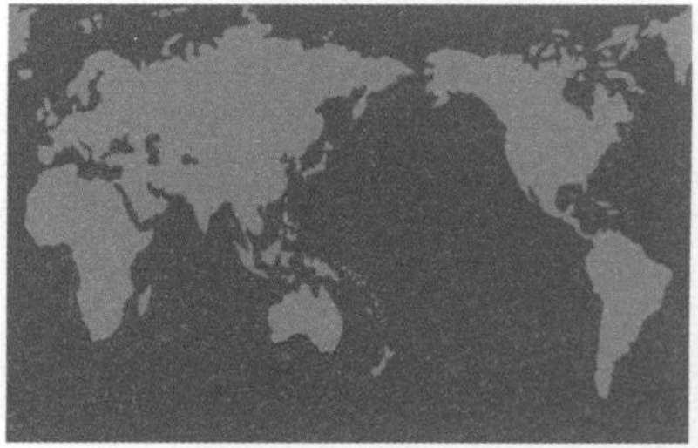

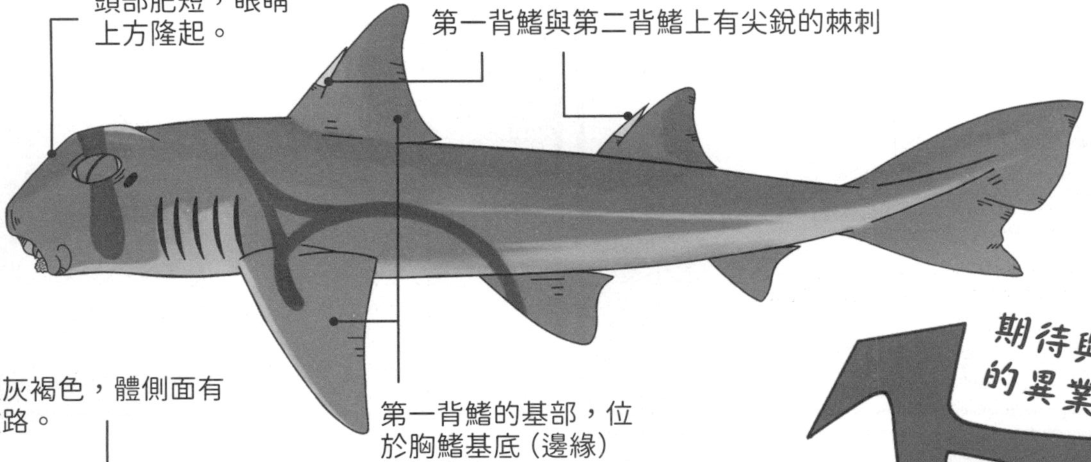
頭部肥短，眼睛
上方隆起。
第一背鰭與第二背鰭上有尖銳的棘刺
第一背鰭的基部，位
於胸鰭基底（邊緣）
後端之上方。

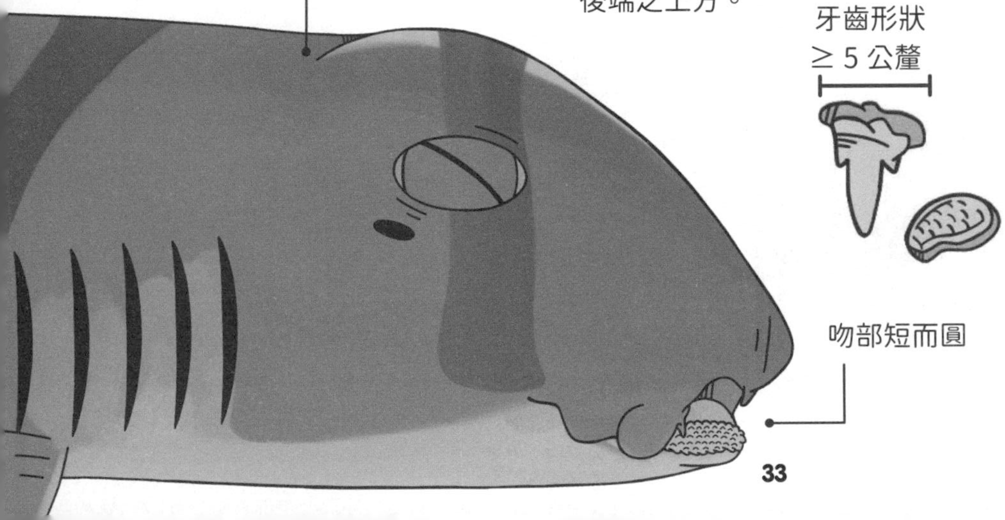
淡褐色至灰褐色，體側面有
獨特的紋路。
牙齒形狀
≥ 5 公釐
吻部短而圓

期待與運動廠商
的異業合作！

冷知識

獨一無二的飲食與呼吸分開進行的鯊魚。

妄想

＊虎鯊在日文中稱貓鯊。